黄土地质灾害防治科普画册

王立朝 陈 亮 冯 振／著

安 毅／绘图

U0346915

知识产权出版社

全国百佳图书出版单位

—北京—

图书在版编目（CIP）数据

黄土地质灾害防治科普画册 / 王立朝，陈亮，冯振著；安毅绘图 . — 北京：知识产权出版社，2022.5

ISBN 978-7-5130-8140-5

Ⅰ . ①黄… Ⅱ . ①王… ②陈… ③冯… ④安… Ⅲ . ①黄土—地质—自然灾害—防治—普及读物 Ⅳ . ① P694-49

中国版本图书馆 CIP 数据核字（2022）第 065379 号

内容简介：

本书以连环画形式普及黄土地质灾害防治知识，以黄土崩塌、滑坡、泥石流三个现场故事，深入浅出地介绍了黄土地区最常见的三种地质灾害的形成条件、诱发因素、造成的伤害、防范对策等，对地质灾害发生前兆、逃生方法、应急处理措施等知识进行了简明扼要、通俗易懂的说明，对提升大众的生态保护意识具有重要意义。

本书可供中小学生、教师及相关科研工作者等阅读使用。

责任编辑：徐家春   责任印制：刘译文

黄土地质灾害防治科普画册
HUANGTU DIZHI ZAIHAI FANGZHI KEPU HUACE

王立朝　陈亮　冯振 / 著　　安毅 / 绘图

出版发行：知识产权出版社有限责任公司	网　　址：http : // www.ipph.cn
电　　话：010-82004826	http : // www.laichushu.com
社　　址：北京市海淀区气象路50号院	邮　　编：100081
责编电话：010-82000860转8573	责编邮箱：laichushu@cnipr.com
发行电话：010-82000860转8101	发行传真：010-82000893
印　　刷：三河市国英印务有限公司	经　　销：新华书店、各大网上书店及相关专业书店
开　　本：787mm×1092mm　1/16	印　　张：6.75
版　　次：2022年5月第1版	印　　次：2022年5月第1次印刷
字　　数：72千字	定　　价：39.00元
ISBN 978-7-5130-8140-5	

前 言

    中国是世界上黄土分布最广、厚度最大的国家，其范围北起阴山山麓，东北至松辽平原和大、小兴安岭山前，西北至天山、昆仑山山麓，南达长江中下游流域，其中以黄土高原地区最为集中，占中国黄土面积的 72.4%。兰州的西津村是世界上黄土最厚的地区之一。由于具有孔隙大、结构疏松、遇水易发生湿陷变形等特点，黄土高原已经成为崩塌、滑坡、泥石流等地质灾害广泛发育的地区之一。地质灾害严重影响该地区人民群众的生产、生活，有效防治黄土高原地区地质灾害在建设美丽中国、黄河流域生态保护工作中显得尤为重要和迫切。

    地质灾害防治要从科普宣传开始。《国务院关于加强地质灾害防治工作的决定》（国发〔2011〕20 号）明确提出，要广泛开展地质灾害识灾、避险自救等知识的宣传普及，加强对中小学学生地质灾害防治知识的教育和技能演练，增强全社会地质灾害自我防范意识和临灾自救互救能力。

    本画册以连环画的形式普及黄土地质灾害防治知识，是一种美好的尝试。连环画的故事内容贴近生活，图文并茂，易于中小学生理解。连环画讲述了明明和芳芳兄妹二人亲身经历的地质灾害故事，通过黄土崩塌、滑坡和泥石流现场故事深入浅出地介绍了崩塌、滑坡和泥石流灾害的形成条件、诱发因素、造成的危害、防范对策等；对灾害发生前兆、应急处理措施、逃生方法等知识进行了简明扼要、通俗易懂的说明；对 3 个类型地质灾害发育背景和防治中的专业知识，采用"地灾宝"查询的方式展现，更加贴近生活，亲近读者。

    科普画册在黄土地区地质灾害调查的基础上，借鉴不同时期、不同版本地质灾害防灾减灾科普宣传产品编制而成，重点讲解了黄土地质灾害的防范和应急对策，不全面之处敬请读者提出宝贵的意见。

    愿这本科普画册能够进一步增强我国黄土地区广大中小学生地质灾害防灾减灾意识。

编写组

二〇二二年三月

黄 土 地 质 灾 害 防 治 科 普 画 册

目 录

故事发生的背景

　　明明和芳芳两兄妹生活在我国典型的黄土高原地区。他们俩从小接触到大量的地质灾害防治知识，也对地质灾害防治工作产生了浓厚的兴趣。

　　兄妹二人先后考入了我国著名的地质院校学习地质专业。在校期间，兄妹二人不仅掌握了扎实的知识，而且参加了很多野外地质调查工作，积累了丰富的实践经验。学校为进一步加深学生对黄土高原和黄土地质灾害的认识，配发了"地灾宝"——一款存储了大量黄土高原形成过程、黄土性质、黄土地质灾害类型和防治知识的平板电脑。每年暑假，兄妹二人都利用走亲访友或郊游的机会，通过实地调查和访问，把理论知识联系到实际中，加深对黄土崩塌、滑坡和泥石流灾害防治知识的认知，并结合自己的知识储备和"地灾宝"向当地民众普及地质灾害防治知识。

　　下面，让我们跟随明明和芳芳，开启黄土地质灾害防治知识的科普之旅吧！

崩塌

黄土高原是中国四大高原之一，是中华民族古代文明的发祥地之一，是地球上分布最集中且面积最大的黄土区。除许多石质山地外，高原大部分被厚层黄土覆盖，经流水长期强烈侵蚀，逐渐形成千沟万壑、地形支离破碎的特殊自然景观：地貌起伏，山地、丘陵、平原与宽阔谷地并存。黄土高原是生态脆弱区，由于土地匮乏，人们为了生存只能平沟修路，削坡建房。黄土高原，地质灾害频发。

　　暑假里的一天，明明和芳芳兄妹二人来到乡村，深入观察野外地质现象。骄阳似火，土地植被稀少，两人走得汗流浃背，嗓子里直冒烟，连棵乘凉的树都很难找到。

　　芳芳打开随身携带的"地灾宝"，浏览黄土高原的信息：黄土高原位于中国中部偏北，总面积63.5万平方千米。西起日月山，东至太行山，南靠秦岭，北抵阴山，涉及青海、甘肃、宁夏、内蒙古、陕西、山西、河南七省（区）。黄土一般沉积厚度为80～200米，世界上黄土最厚的地方在兰州市西津村，厚度达409米。黄土的主要特征是：疏松、大孔隙、垂直节理、遇水湿陷软化。

坡顶在溜土！芳芳失声喊道："快跑，有危险！"她边喊边跑。明明和乡亲们的愉快聊天被芳芳的呼喊打断，本能地跟芳芳一起冲到距离山坡几米远的地方。刚跑到坡外围，坡顶的一块黄土正好掉到刚才纳凉的地方。大家惊魂未定地看着芳芳，心存感激。乡亲们你一言我一语地交流着："多亏芳芳眼尖，带领大伙脱离危险。"他们平时经常在这个地方纳凉，从来没有注意到这种情况。

　　"这是典型的黄土崩塌，"明明手指着刚才的山坡，坡下面堆着一些散乱的黄土，"这种黄土坡很容易发生崩塌，只是乡亲们平时不注意。由于黄土结构疏松，雨水冲刷、道路修建削坡形成的高陡斜坡，坡度大，局部近乎直立，往往会造成崩塌，以后可不能在类似的地方纳凉或躲雨啊。"

　　芳芳说："要在这里设置防灾标识牌，提醒乡亲们和过往行人注意坡顶溜土及开裂情况，并快速通过。"

　　乡亲们连夸芳芳和明明年纪不大却见多识广，芳芳下意识地摸了一下挎包里的"地灾宝"，多亏了这个智慧宝盒！

挡土墙

有人继续问，如何才能避免受到类似的危险？明明充满自信地说："先要对这些地方进行削坡，消除隐患。同时根据需要在坡脚修建挡土墙，并对坡面进行加固处理，才能确保安全。"

有人疑惑地小声嘀咕："这样的地方很多啊，道路两旁、房前屋后、沟谷两侧……得花很多钱吧？"

芳芳说："是啊，在学校及人口密集的村落附近，必须进行加固治理，但大多数地方开展监测是最有效的。"

"那如何监测呢？"有人急切地问。

芳芳说："像我们面前的斜坡高度超过 2 个人身高的就有危险，路过的时候尽可能从外缘走，平时要安排专人定期查看是否有开裂和溜土的情况。在陡坡的两头设置警示牌，说明观察和躲避的方法。"

"对！特别是上学的娃们，要让他们熟悉路上危险的地段，像这两个小专家一样，知道如何躲避。"一个村民若有所思地说。

乡亲们邀请明明和芳芳到村里做客，兄妹俩愉快地接受了邀请。途中芳芳说："刚才我们说的监测叫'群测群防'，在专业人员的指导下由当地群众自己开展，到目前为止，这种方法最有效。"

注：群测群防是群体预测，群体预防，发动广大群众共同监测与预防，主要用于地质灾害、洪水等的监测和预防，形成严密的监测网络。

傍晚的村庄，炊烟袅袅。

黄土高原有一种特有的梁峁地形，村民的房屋均搭建在削坡形成的平台上，坡上的村民出门就能看到坡下住户的屋顶，形成特殊的"楼上楼"的景观。

　　明明和芳芳还了解到这里都是山坡地，居住和出行都不方便，是典型的"路在山梁上，屋在山坡上"。由于地广人稀，经济作物少，收入不高，家家户户都养一些羊卖钱补贴家用。

黄土塬（yuán）

黄土梁

黄土峁 (mǎo)

　　芳芳打开"地灾宝"深入学习黄土高原的知识：黄土高原是我国第二级地形阶梯。受青藏高原隆升和流水的侵蚀作用，形成塬、梁、峁三大地貌类型。塬是指平坦的黄土高原地面，中国最大的黄土塬就是陇东的董志塬。塬易受流水侵蚀、沟谷发育的影响，分割出长条状塬地，成为山梁，称为"梁"地。如果梁地再被沟谷切割，形成分散孤立的如馒头状山丘，就称为"峁"。由"梁"和"峁"组成黄土丘陵。在梁峁地区，地下水流出，汇成小河，河流沉积物在两岸形成小片平原，称为"川"。川两旁还有阶地，称为"掌""杖"地。

　　芳芳抬头环顾周边，心中感慨这里的生态环境真是脆弱啊。

　　热情的主人将热气腾腾的手抓肉端上来，明明和芳芳迫不及待地开始品尝。小客人们一边享受着美食，一边认真听主人讲为什么黄土高原的羊肉味道更加鲜美。

　　天气变得越来越暗，外面开始雷鸣闪电，看起来要下雨了。主人说这个季节的天气就这样，经常有雷电夹暴雨。

嗯嗯，经常发生，小的溜土、大的垮崖，也没啥事，清一清就好。

　　芳芳这时开始关注这个村的安全问题。明明鼓足勇气问了一下主人："咱们村房前屋后发生过陡崖垮塌的事情没有？"

　　"嗯，经常发生，小的溜土、大的垮崖，也没啥事，清一清就好。"村民对山体崩塌基本上不当回事，认为是再正常不过的事情了。

　　明明和芳芳互相看了一眼，继续问道："有没有垮塌造成房屋损坏的情况，或压到人畜之类的事情发生？"

咱们村发生过陡崖垮塌的事情没有？

"听村里的老人讲，几十年以前，村里大部分人还住在窑洞，有一次夜里下了大暴雨，造成窑顶垮塌，很多人和牲畜都被压死在窑洞里。我们这里的窑还建在山坡上，听说在黄土塬面上的'地坑窑'损失更大，雨水灌入地坑中，人都没处躲，眼睁睁地看着被淹。"

老人喝了一口茶，舒缓了一下悲凉的气氛，"现在村里的条件都好了，家家户户都住上新房子，有人还建了楼房。但大家建房的老传统还是没有变，虽然新房与后边山坡保持一定的距离，但是堆放杂物的小房子、养牲畜的棚圈都是紧贴山坡。"

注：地坑窑是窑洞式住房的一种样式，是在平地上挖坑，深 7 米余，四周见方。然后在坑的四壁下部凿挖窑洞，形成天井式四方宅院。

　　这时，伴着闷雷闪电，雨越下越大，经验和直觉告诉明明和芳芳，必须组织群众撤离！芳芳问了一下老人，了解到村外面的打麦场比较宽敞，可以作为避难点。这时村主任来了，明明和芳芳立即和村主任商量对策。村里的壮劳力大都外出打工了，留下的年轻人比较少。芳芳说服附近的村民到打麦场集中，并妥善安置集中的村民。明明和村主任兵分两路，尽快动员其他群众转移。明明由一个村民带路，挨家动员群众尽快撤离，并把牲畜先赶到棚圈外面。

　　村里的道路已经成了小河。黑夜里，借着房屋里透出的灯光和手电筒微弱的亮光，明明和村民们手拉着手蹚着水往外走。

　　也许是对暴雨的恐惧和对原来村里在大暴雨时发生的伤亡事故的记忆，抑或是对两个小客人的认可，大伙在较短的时间里全部集中到打麦场。村主任清点了人数，明明和芳芳鼓励群众："暴雨一般时间都比较短，再坚持一阵子就可以回家了。"

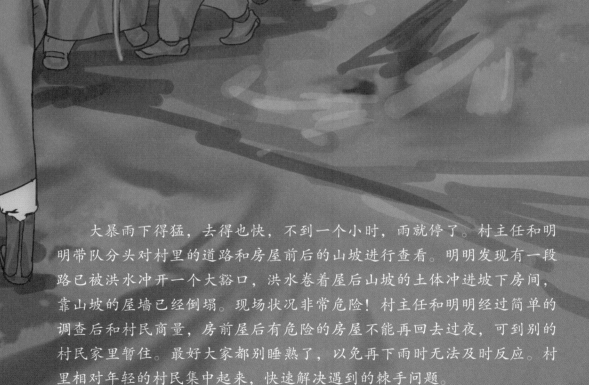

　　大暴雨下得猛，去得也快，不到一个小时，雨就停了。村主任和明明带队分头对村里的道路和房屋前后的山坡进行查看。明明发现有一段路已被洪水冲开一个大豁口，洪水卷着屋后山坡的土体冲进坡下房间，靠山坡的屋墙已经倒塌。现场状况非常危险！村主任和明明经过简单的调查后和村民商量，房前屋后有危险的房屋不能再回去过夜，可到别的村民家里暂住。最好大家都别睡熟了，以免再下雨时无法及时反应。村里相对年轻的村民集中起来，快速解决遇到的棘手问题。

　　在惊险与忙碌中，不觉已到大天亮。

这场突如其来的暴雨给小山村造成的损失是巨大的。有七八间房屋倒塌，还有很多牲畜失踪。

大家沉浸在沉重的气氛中。救援组在清理一个坍塌的窑洞时发现里面有一只刚出生的小羊羔依偎在母羊身边，第一次见到光线的它显得无比兴奋，从废墟中蹒跚走出来，并发出"咩、咩"的叫声。芳芳一阵欢喜，快速地将小羊羔抱在怀里。新生命的诞生和获救给村民带来了新生的希望！

不幸中的万幸，村里没有任何人受伤！

明明和芳芳一边和村主任统计损失的情况，一边分析造成本次灾害的原因。这个村的住房依山而建，建房宅基地采用"后挖前填"的整平方式，使本身结构疏松的黄土边坡更加不稳定，容易发生崩落；村里也没有统一的排水系统，降雨时坡顶的汇水沿斜坡冲向下面的住房，特别是路面相对低洼地段的积水，像瀑布一样冲向山坡，冲刷坡脚造成更大的损失。

明明和芳芳建议，如果条件允许，村民可找个更好的地方建新宅，但在选址阶段一定要请地质灾害防治的专业人员进行评估。

如果在原址重建的话，建议对村里的排水进行统一规划，确保上级坡面的排水不影响下级斜坡的稳定性。如果实在无法保留安全距离，在削坡建房时一定要对坡体进行必要的支挡加固。

芳芳对村民说："在下雨及春天冻融季节，要密切关注屋后斜坡的变形情况，避免小的崩塌造成损失，在平常走路和种地时要注意高陡的斜坡是否出现溜土等变形迹象，如果发现这类情况要尽快报告村委会。"

　　村民们感谢明明和芳芳给他们普及防灾知识，他俩微笑着，继续踏上地质灾害防灾知识宣讲的路程。

滑坡

注：地皮菜，学名"普通念珠藻"，是一种美食，最适合做汤，也可凉拌或炖烧。

今年的天气有些反常，进入8月后天气异常炎热。为了纳凉，明明和芳芳起了一个大早，来到了城郊南部山麓的一处农家乐，这里有山有水，夏收时节，瓜果飘香，故被称为"花果山"。到花果山的时候，农家乐里十分热闹。明明和芳芳选了个靠近山坡有阴凉地方坐下，点了餐，要了两杯清茶，喝着，聊着。

好主意，咱俩趁着人多，上菜慢，上山去转转！

明明和芳芳沿盘山小路往山上爬。果然，草丛里到处都是一簇簇的地皮菜。

明明跑进农家乐的时候，恰好碰上村主任高叔叔和一位大叔手里拿着铜锣、喇叭急匆匆地走过来。明明简要说明来意，村主任眉头紧锁。

　　高主任说："这是我们村的李师傅，他是监测员，也发现山要垮了，我们已给镇政府打电话汇报了情况。谢谢你们啊！情况紧急，麻烦你俩跟我们一起去疏散群众吧！我们兵分两路，李师傅熟悉山上地形，知道滑坡监测范围的情况。明明和芳芳随我和村里的应急小分队疏散滑坡影响范围内农家乐客人和 10 户村民。"

　　明明和芳芳帮村主任及村应急小组的叔叔们疏散了滑坡影响范围的群众。1小时后，由镇政府派出的抢险救灾应急小组赶到现场，迅速启动了地质灾害应急预案，由地质灾害应急专家指导避灾，拉起了警戒线，分组巡查，防止群众进入滑坡危险区。

花果山的宾客和工作人员，还有在滑坡影响范围内已发放了《地质灾害避险明白卡》的村民请注意，我村南侧山体由于连续降雨已发生变形，可能发生山体滑坡。请各位务必马上撤离农家乐和自家院子。滑坡东边的农家乐客人和群众到应急撤离点打麦场集中，西边的到村小学操场集中。

现在我们将挨家挨户清理人员，请务必尽快撤离。没有得到可以返回的通知前，不得靠近滑坡警戒线，更不能回家……

CROSS · DANGER · DO NOT CROSS · DA ER · DO N   CROSS · DANGER · DO NOT CROSS · DANGER · DO NOT CER · DO NOT CROSS · DANGER · DO NOT CROSS · DANGER · DO NOT CER · DO NOT CROSS · DANGER · DO NOT CROSS · DANGER · DO NOT C

　　"山垮了,山垮了!"伴随着轰隆隆的声音,尘土飞扬,山坡上的黄土夹杂着树木杂草顺着斜坡滑了下来。滑坡历时17分钟,摧毁了农家乐的彩钢房及几户村民的院墙和房屋。

　　后来,经地质灾害专家调查,滑坡体长38米,宽150米,滑坡体积约5.2万立方米。滑坡损坏硬化村道40米,村民院墙35米,损坏村民及农家乐房屋16间,直接经济损失约120万元。由于及时疏散了群众,并没有造成人员伤亡。

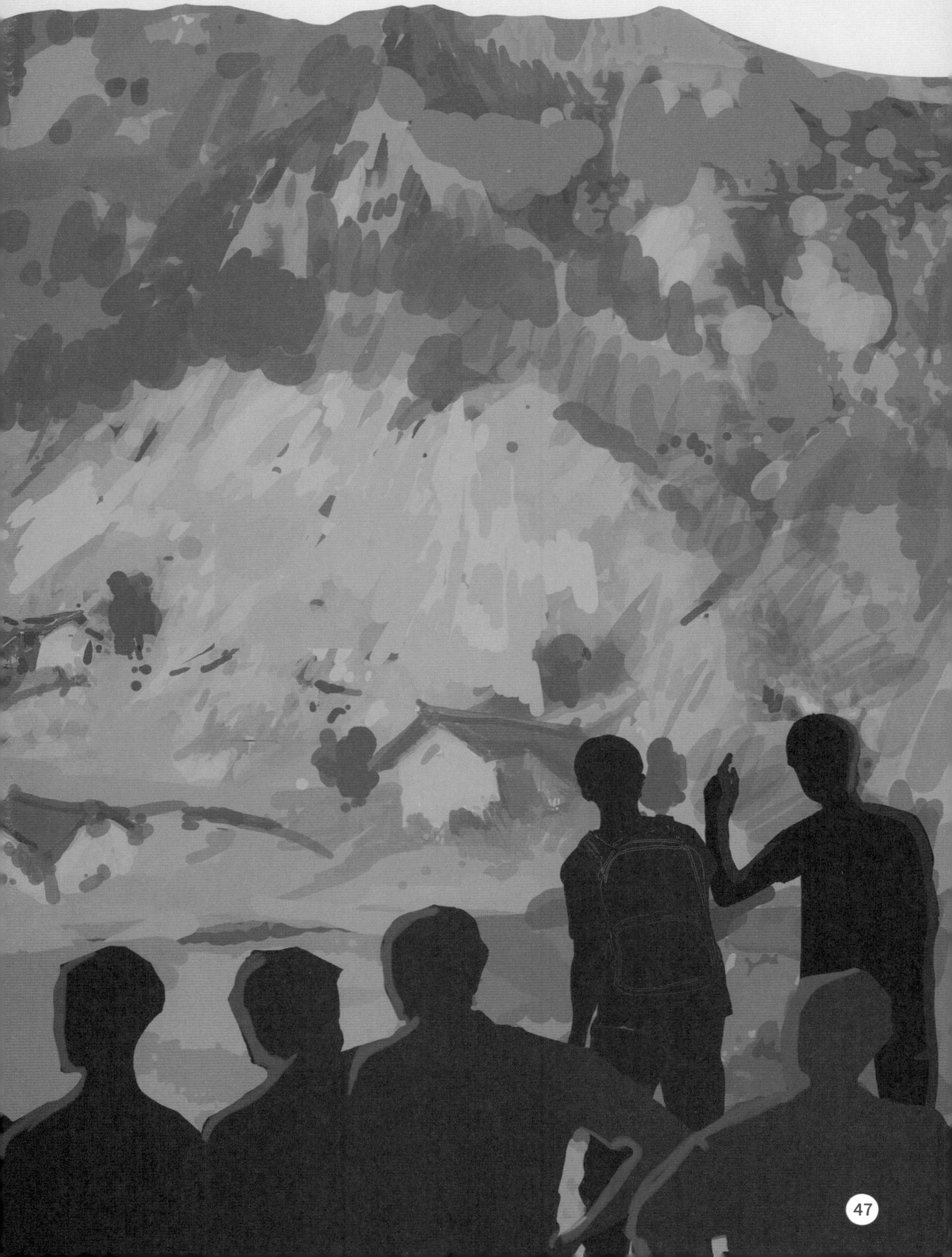

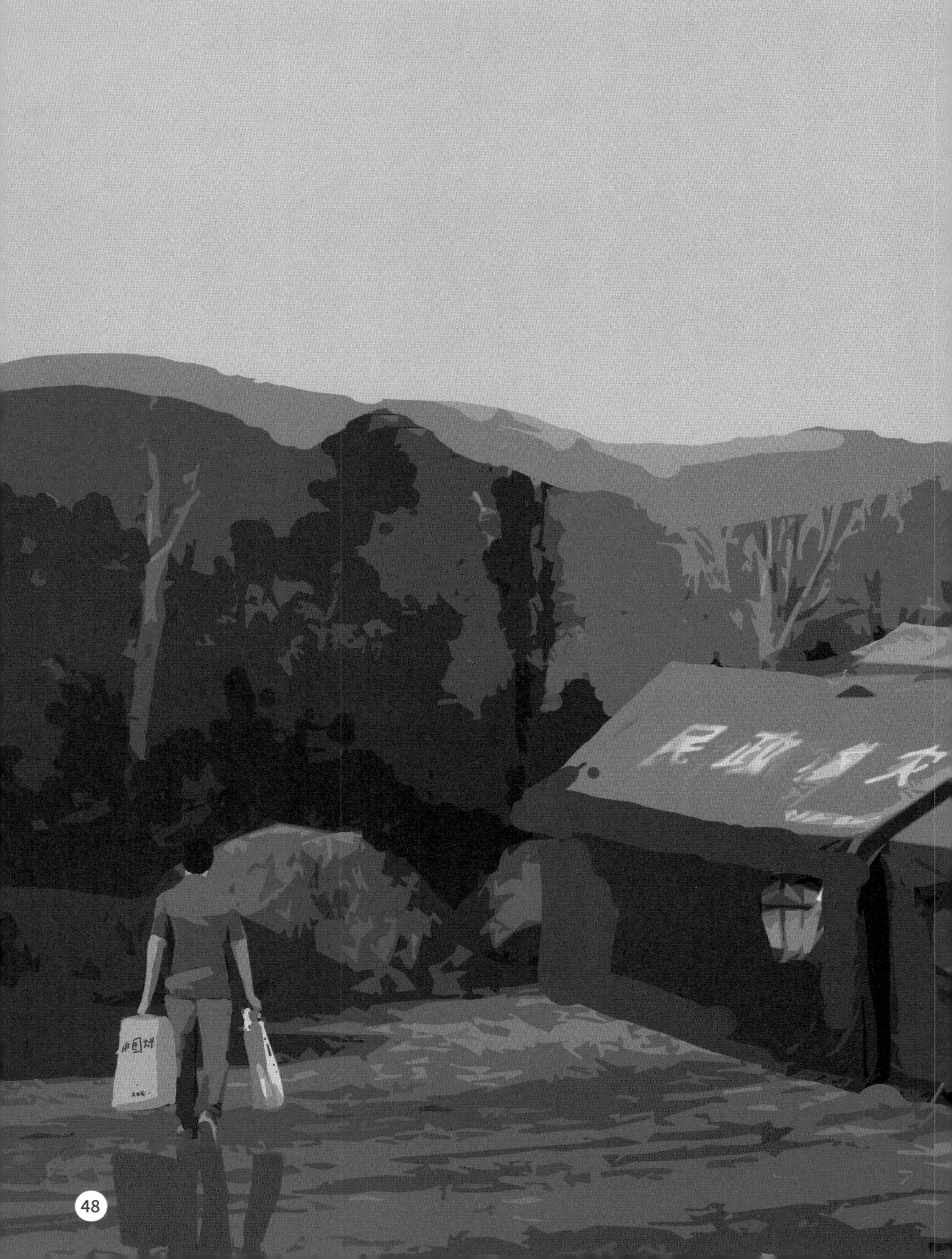

经专家现场确认，花果山农家乐所处的黄土山体滑坡是典型的老滑坡复活，是由3个不同规模的滑坡组成的滑坡群。复活下滑的部分只是其中之一，其他两个滑坡也发生了变形，滑坡后部已经出现了一些拉张裂缝，存在进一步下滑的可能。

哥，你给大家简要普及一下滑坡避险知识吧！

县抢险救灾应急小组委托滑坡专家提出应急治理方案。期间，明明和芳芳为广大群众现场普及滑坡避险知识。他俩的工作得到了县抢险救灾应急小组的表扬。

　　滑坡就是俗称的"地滑""走山""垮山"和"山剥皮"。它是山坡岩土体顺斜坡向下滑动的现象。一般由降雨、地震等自然因素引起。这几年，斜坡前缘切坡、后缘弃土加载、庄稼灌溉等人为活动引发的滑坡明显增加。专家说，今天发生的花果山滑坡是在原来的老滑坡的基础上形成的。这几年滑坡前缘切坡建房，破坏了它的稳定性，连续降雨导致了这次滑动。

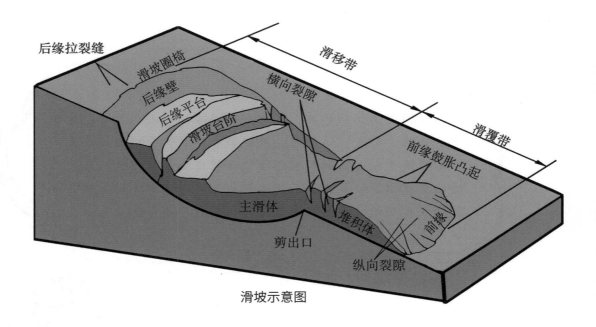

滑坡示意图

后缘拉裂缝　滑坡圈椅　后缘壁　后缘平台　滑坡台阶　横向裂隙　滑移带　滑覆带　前缘鼓胀凸起　主滑体　堆积体　前缘　剪出口　纵向裂隙

　　黄土是一种具有特殊物质成分、形态和性质的多孔隙、弱胶结的松散沉积物。黄土高原区的黄土残塬、梁峁、沟壑的斜坡在天然状态下处于平衡状态，在地震、强降雨、人类工程活动作用下就可能发生黄土滑坡，对人民群众的生命和财产安全构成严重威胁。

　　滑坡一般包括滑坡体、滑坡壁、滑动面、滑动带、滑坡床、滑坡舌、滑坡台阶、滑坡周界、滑坡洼地、滑坡鼓丘、滑坡裂缝等要素。

　　滑坡体是指滑坡的整个滑动部分，简称"滑体"；

　　滑坡壁是指滑坡体后缘与不动的山体脱离开后，暴露在外面的形似壁状的分界面，一般呈圈椅状；

　　滑动面是滑坡体沿下伏不动的岩、土体下滑的分界面，简称"滑面"；

　　滑动带是平行滑动面受揉皱及剪切的破碎地带，简称"滑带"；

　　滑坡床是滑坡体滑动时所依附的下伏不动的岩土体，简称"滑床"；

　　滑坡舌是滑坡前缘形如舌状的凸出部分，简称"滑舌"；

　　滑坡台阶是滑坡体滑动时，由于各种岩、土体滑动速度差异，在滑坡体表面形成的错落台阶；

　　滑坡周界是滑坡体和周围不动的岩、土体在平面上的分界线；

　　滑坡洼地是指滑动时滑坡体与滑坡壁拉开形成的沟槽或中间低四周高的封闭洼地；

　　滑坡鼓丘是滑坡体前缘因受阻力而隆起的小丘；

　　滑坡裂缝是滑坡活动时在滑体及其边缘所产生的一系列裂缝，有拉张裂缝、剪切裂缝、羽状裂缝、鼓胀裂缝、扇状裂缝。

按滑坡体的体积可将滑坡划分为：小于 10 万立方米的小型滑坡；10 万～ 100 万立方米的中型滑坡；100 万～ 1000 万立方米的大型滑坡；大于 1000 万立方米的特大型滑坡。

按滑坡体的物质组成和结构形式等主要因素可将滑坡划分为堆积层滑坡、基岩滑坡和特殊滑坡。其中，堆积层滑坡主要有崩滑堆积体滑坡、黏土滑坡、黄土滑坡、碎石滑坡、填土滑坡等。基岩滑坡又根据滑坡与地质结构的关系可分为顺层滑坡、切层滑坡等。顺层滑坡又可分为沿层面滑动或沿基岩面滑动的滑坡。特殊滑坡（包括变形体），有融冻滑坡、陷落滑坡等。

按滑坡体的厚度划分为：10 米以内的滑坡是浅层滑坡；10 ～ 25 米的滑坡是中层滑坡；25 ～ 50 米的滑坡是深层滑坡；超过 50 米的滑坡是超深层滑坡。

按滑坡形成的年代可将滑坡划分为：新滑坡、古滑坡、老滑坡。按运动形式可将滑坡划分为：牵引式滑坡、推移式滑坡。按发生原因可将滑坡划分为：工程滑坡、自然滑坡。

山坡上出现裂缝

地下发出异常声响

　　滑坡从孕育到形成一般要经历蠕变、开裂、滑动、稳定四个阶段。滑坡发生有这些前兆：山坡上出现裂缝、坡脚松脱鼓胀、斜坡局部沉陷、斜坡上地物变形、泉水井水异常变化、地下发出异常声响等。

斜坡上地物变形

坡脚松脱鼓胀

　　滑坡发生前兆出现的多少、明显程度及其延续时间的长短，对于不同环境下的滑坡有着很大差异，有些前兆可能是非滑坡因素所引起。因此，在判定滑坡发生可能性时，要注意多种现象相互印证，尽量排除其他因素的干扰，这样做出的判断才会更准确。在无法判定是否会发生滑坡时，宁可信其有，不可信其无，先采取避灾措施，及时通知当地政府由专业单位作进一步的勘查和研究确认。

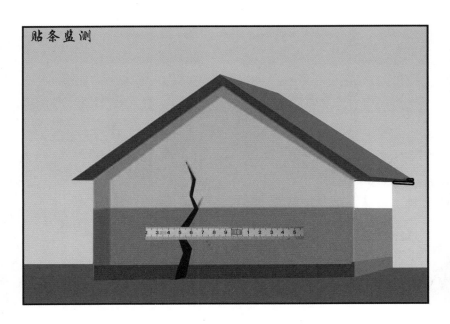

贴条监测

压脚

滑坡前兆的存在，并不意味着必然发生滑坡。当发现滑坡前兆后，首先应该报告监测员；其次，要在专业人员的指导下，分析有哪些因素可能影响滑坡的形成和发展，在力所能及的条件下，主动采取措施延缓滑坡的进一步发展。

延缓滑坡发展的措施主要有：及时填埋裂缝；把地表水和地下水引出可能发生滑坡的区域；在坡脚鼓起部位堆压沙袋或块石。在采取上述措施的同时，还可以通过简易监测，密切监视斜坡变形的发展情况。

填埋裂缝

裂缝监测

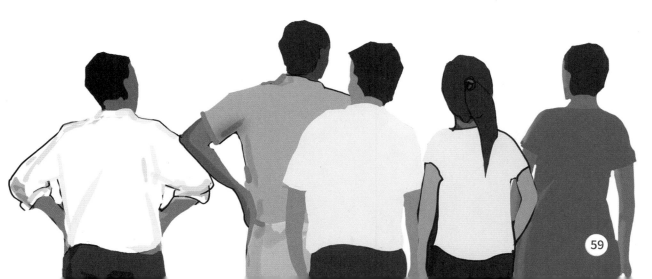

下面由芳芳给大家说说躲避滑坡灾害的基本常识。

今天我们及时发现了险情，疏散了滑坡影响范围内的群众。不过当时的秩序有些乱，幸好没有踩踏事件发生。要想临危不乱，必须建立应急预案，开展应急演练，有备无患。

应急预案应该明确：哪些地段容易发生滑坡，哪些时间容易发生滑坡；预先选定安全的临时避灾场地及撤离路线；规定预警信号；公布地质灾害防灾避灾责任人；做好必要的物资储备。

经验表明，滑坡灾害绝大多数发生在雨季；夜晚发生滑坡较白天发生滑坡的损失更大。因此，特别是雨季的夜晚，大家最好不要在滑坡危险区逗留。

当你处于非滑坡区，发现可疑的滑坡活动时，要立即报告滑坡所在地政府。

当你处在滑坡体上时，首先应保持冷静，不要慌乱。要迅速环顾四周，向滑动方向两侧迅速撤离。

当滑坡发生后，斜坡并没有稳定下来，甚至还会继续发生较大规模的滑动。因此，不能立即进入灾害区挖掘和搜寻财物，应该听从现场应急领导小组的安排，避免发生伤亡。

滑坡发生时，容易造成人员受伤。当自己或别人受伤时，应打电话呼叫"120"。

呼救时应说明灾害发生的具体时间、地点和事件的性质，伤情、伤亡人数，以及急需哪方面的救援等，并尽量说明呼救人的姓名、单位、呼救使用的电话号码等。

编制一个科学、完善、符合实际情况的滑坡应急预案，定期开展应急演练是地质灾害防治工作的一项重要工作，需要我们大家积极配合，做好这项"防患于未然"的具体工作。

下面我再给大家说说滑坡治理措施方面的相关知识，这将涉及我们村受灾群众的搬迁和滑坡灾害的治理工程实施。

今天发生的滑坡给大家的生活带来了一些不便，特别是农家乐和村民的房屋损坏，造成了一定的经济损失。经地质灾害防治专家和应急领导小组会商，鉴于黄土老滑坡的复活，灾害隐患范围将有所扩大，在继续监测老滑坡变形的同时，对受威胁的房屋实施搬迁，对滑坡起动应急治理。

易地搬迁工程选址：房屋建筑工程选址应选择在历史最高洪水位以上一定高位的平缓地带，且场地工程条件好的地方；应避开冲沟沟口；也不能选存在滑坡危险的区域，尽可能避开江、河、湖（水库）水冲刷切割影响。

如果在山麓坡脚，选址建房应尽可能避开顺层斜坡，房屋可选择在反向坡的坡上或坡下；在地质灾害危险区工程建设土地审批前，要请相关单位进行建设场地的地质灾害危险性评估。这次咱们村受灾村民的易地搬迁宅基地可以选在村小学校东边的空地上，那儿地势平坦，是旱地，是易地搬迁的好地方。

　　滑坡防治要贯彻"及早发现，预防为主；查明情况，综合治理；力求根治，不留后患"的原则。结合斜坡失稳的因素和滑坡形成的内外部条件，治理滑坡可以从以下两个大的方面着手：一是消除和减轻地表水和地下水对坡体的危害；二是改善斜坡岩土体的力学条件。

　　常用的滑坡防水、排水工程方法有：水平钻孔疏干、垂直孔排水、竖井抽水、隧洞疏干、支撑盲沟等。常用的改善边坡岩土体力学条件的工程方法有：修筑挡土墙、护墙等支挡不稳定的岩土体；用抗滑桩、预应力锚杆或锚索、固结灌浆等加强边坡岩土体的强度等。

　　经现场调查及与专家会商，花果山滑坡应急治理方案初步确定为：采用灰土夯填滑坡体已有裂缝；在滑坡体外和坡体上修筑截排水渠，防止降水入渗；在滑坡前缘做抗滑桩板墙，防止滑坡滑移；在坡体种植耐旱、根系发育的草木，美化环境。

　　花果山滑坡应急治理按照"绿水青山就是金山银山"的理念开展工作，美好的乡村建设呈现在我们眼前。

泥石流

　　暑假快结束了。一个星期天早上，明明和芳芳应邀去农村舅舅家玩。走在乡间的小路上，他们说说笑笑，欣赏着美丽的风光。

　　翻过一个小山梁，整个村子映入眼帘，多美的小山村啊！黄土山梁错落叠置，小山村坐落在出山口的开阔地上，粉墙碧瓦，炊烟袅袅，绿树盈盈，微风中带着些泥土的清香，一派温馨祥和的景象。

　　走过一条小河就进入了舅舅家所在的村庄，一条排水沟将村子分为东西两部分。村子里非常干净整洁，交通条件好并以特产"狗头杏"出名。

进村的道路顺沟修建，村里人员往来都要通过排水沟上的小木桥。

很快就到舅舅家。兄妹俩看啥都觉得新奇、好玩，他们对舅舅家小菜园里的黄瓜、西红柿特别感兴趣，兴奋地边摘边吃。

　　玩了一会，兄妹俩采摘了很多不知名的野花编成了花篮。天渐渐地暗了下来，明明抬头，看见西北方向飘来了大片大片的宝塔云。云飘得很快，不知不觉中黑云压顶。"要下大雨了，咱们赶快回去告诉舅舅。"

　　回来的路上，芳芳看见横跨沟道的木质小桥，桥边立着一个警示牌，上面写着黄泥沟泥石流隐患点的责任人、巡查人、监测人的姓名和联系电话等。

73

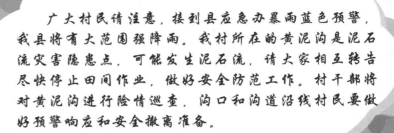

广大村民请注意，接到县应急办暴雨蓝色预警，我县将有大范围强降雨。我村所在的黄泥沟是泥石流灾害隐患点，可能发生泥石流，请大家相互转告尽快停止田间作业，做好安全防范工作。村干部将对黄泥沟进行险情巡查，沟口和沟道沿线村民要做好预警响应和安全撤离准备。

这时候，村里的广播响了。

明明他们往回走，听着广播，心想："黄泥沟村的群测群防手段还都用上了，真是不错。"

舅舅是村里的群测群防员，已在手机上收到当天的天气预报和防灾预警信息，正在播报避险通知。

明明和芳芳刚到舅舅家，电闪雷鸣，下起了瓢泼大雨。舅舅广播完，抓起个人应急包准备出门。

舅舅的应急工具还真全，有雨衣、雨鞋等个人装备，还有应急灯，以及高音喇叭、警报器、锣等报警装备。对于一个基层的群测群防人员来说已相当齐全了。

明明对舅舅说："这几年经过各种宣传和培训，我们村已经基本建成了防灾减灾和群测群防体系，真是一件值得庆幸的事，我俩和你一起去。"

芳芳问村民的撤离地点在哪。舅舅说："村里就只有一个打麦场作为应急避难场所。近几年也没有发生过大的灾害，村民还没有撤离过。"

兄妹俩穿上了雨衣、雨鞋，随舅舅来到了沟口。眼见着洪水夹杂着块石、垃圾、树枝奔流而下。

这时雨下得越来越大，地滚雷带着柳条狠狠地抽打着脚下的黄土地，平时的小路已变成了小河沟。

舅舅提醒明明和芳芳：应该马上组织危险地段的村民撤离！但应急撤离地点在打麦场，村里打麦场的位置在沟道中间，雨这么大，这次应该向远离沟道两侧高处撤离。

　　前几年虽然每年沟道中都暴发洪水，但没有下过这样大的雨，也还没有组织过村民撤离。

　　由于沟道常年淤积，村庄附近黄泥沟实际上变成地上河沟，导致"沟比路高、路比门高"。大洪水时相当于村庄顶着一条小河流，对居住在下游沟道附近的村民来说尤其危险。

　　舅舅检查了一遍比较危险的村民院落，眼看着逐渐变大的黄泥洪流，回村委会再商量组织撤离已经来不及了，看了一下身边的兄妹俩，当即决定："你们两个顺着沟道右边，赶快通知这边沟道附近的村民撤离，这个锣给你们，记住，'先敲锣、再通知'，我到另一侧去通知群众。"舅舅刚从小木桥上冲过去，湍急的水流就将小木桥冲走，好危险啊！

村民撤离后不久，大规模的泥石流发生了。泥石流冲毁了沟道附近的20多处房屋，所幸未造成人员伤亡。

　　兄妹俩与村里的抢险小分队成员，积极地投入自救中。经过一天的紧张劳动，大部分的受灾群众已可以回到自己的家中。

在村委会的办公室里，村民们一边表扬明明和芳芳渊博的知识和勇敢的表现，一边寻思着如何更有效地解决长期的安全问题。

芳芳深有感触地说："虽然咱们村建立了群测群防体系，但由于没有经过现场实地演练，恐怕无法面对比这次更大的泥石流灾害。面对灾害，村民们如何更有效、快速地作出反应，组织一次现场培训是十分必要的！"

"对！"明明说，"在还没有对黄泥沟进行工程治理的情况下，针对灾害点进行实地培训，可以帮助群众面对灾情及时作出反应，尽快脱离危险。"

　　然后明明若有所思地问了一句："这次泥石流灾害是近几年来最严重的一次，那么受灾的房屋都是啥时候建的？"

　　村里群众大致回忆了一下，由于人口增长，沟边的房子都是近几年批建的。

　　应该把村镇的建设也纳入规划中，至少现在再不能批准沟边上的宅基地了。对泥石流灾害冲毁的需要重建的房屋要另外找安全的地方建设，不能在原地重建。

雨过天晴的黄泥沟又恢复了勃勃生机！今天就要针对黄泥沟泥石流灾害防范开展一个现场的防治知识培训。

村主任一大早通过大喇叭通知村民在打麦场集合，为了更加真实地模拟泥石流暴发时的情况，明明建议村民们基本上以居住方位入座，群测群防人员、应急救援队员分别集中在两侧。

84

　　芳芳介绍："地表分布有一层黄土，质地疏松，颗粒细小，大一点的风就能搬动土粒，有首《信天游》歌里唱的'风沙茫茫满山谷，不见我的童年'说的就是咱们这里。雨水和洪水搬运土的能力就更大了，咱们村的黄泥沟大暴雨时就冲出黄色泥浆，大一点的洪水可以将黄土崖边的大土块冲出来，形成大的泥球在水里滚，在出山口后逐渐堆积。现在黄泥沟下段的沟道已高出周围地段，遇到大的泥石流时相当危险！"

燕子低飞、蛇过道，大雨不久就来到
蚂蚁搬家，天要下雨
青蛙成群叫，大雨将来到
狗泡水，要下雨
白天蛤蟆出洞，一定下大雨
鱼跳水，要下雨
蚊子乱咬人，不久雨来临
蚊虫咬得凶，雨在三日来

有雨山戴帽，无雨云挂腰
早霞不出门，晚霞行千里
清早宝塔云，下午雨倾盆

　　"幸好现在我们村里已建立了群测群防网络，我们能及时掌握天气变化，以便及时采取相应的对策。"村主任说道。

　　芳芳说："这个非常重要，但我们处在山区，局部的大暴雨天气还不能完全预报准确，而且局部地区暴雨过程短、强度大，降水形成的泥石流防范难度更大。这就需要我们对当地天气多留意一下。在日常生活中，还有不少关于天气变化的民间谚语，是老百姓的经验总结。"

大家对天气变化这么关注，说明我们的群测群防培训和宣传工作做得非常好！大家说的都非常好，非常重要，但首要的还是要留意当天的广播、电视天气预报和防汛、气象等部门发到手机上的气象、防汛预警信息，了解近期是否会有发生暴雨的可能。再结合你们刚才说的判断就更好了。

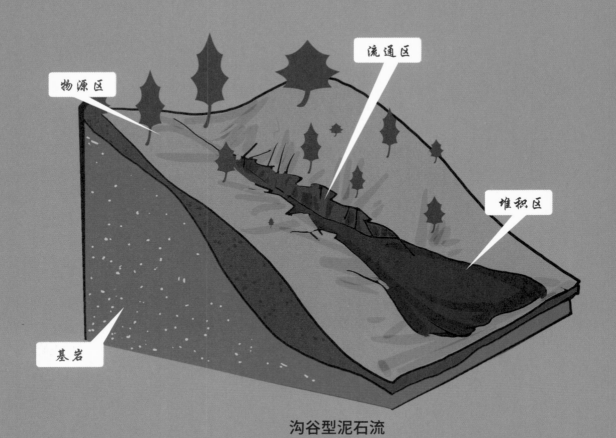

物源区

流通区

堆积区

基岩

沟谷型泥石流

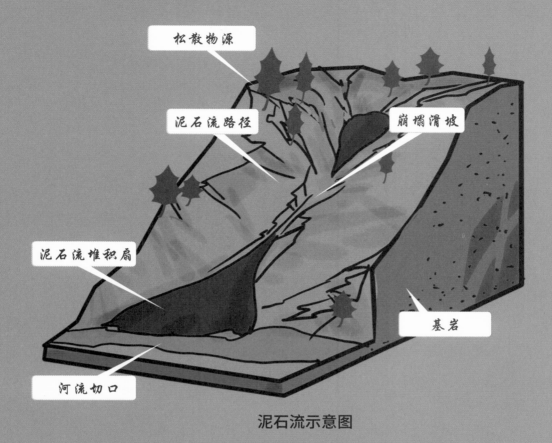

松散物源

泥石流路径

崩塌滑坡

泥石流堆积扇

基岩

河流切口

泥石流示意图

泥石流按照流域形态分为坡面型泥石流、沟谷型泥石流、流域型泥石流。

坡面型泥石流就是在山坡上发育的小型冲沟。沟谷型泥石流呈长条形或树叶形，沟口有明显的堆积扇，我们所在的黄泥沟就是一条典型的沟谷型泥石流。流域型泥石流沟内发育多条支沟，流域山顶上的降水聚集区、支沟边缘和沟内的松散物质堆积区为泥石流物源区，降水汇集冲击松散物质形成泥石流，经过一段流通区后，在沟口形成规模较大的堆积扇。

泥石流按物质成分分为三类：由大量黏性土和粒径不等的砂粒、石块组成的叫泥石流；以黏性土为主，含少量砂粒、石块、黏度大、呈稠泥状的叫泥流；由水和大小不等的砂粒、石块组成的称为"水石流"。我们所处的黄土高原地区一般为泥流和泥石流。

那么，泥石流发生有什么前兆呢？

下面由我给大家讲讲如何防范泥石流。在雨季来临前，必须对黄泥沟沿沟道进行一次巡查，清理垃圾、疏通堵塞的地段并维护损坏的沟岸，为安全度汛提供保障。要通知村里在沟道山坡上种地的村民下暴雨时不要沿沟道回家，如果沟道中洪水突然增大或突然变小，要及时往沟道两侧的山坡上跑，不能怕淋雨就从沟底的小路往家里跑。

不能 躲在树上

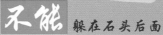

不能 躲在石头后面

开阔的场地　打麦场

沟道两侧群众往各自的避难场所跑

　　若雨天沟谷深处天空突然变得昏暗，同时沟谷传来类似火车的轰鸣或闷雷般的山鸣，就要迅速远离沟道。

　　雨天常流水沟道内水量急剧减少或突然非常浑浊都预示着山洪、泥石流的发生，需要快速撤离沟道，转移到安全的地方。

　　对咱们村，除了大家今天集中的打麦场外，在沟道另一侧也要找个开阔场地作为应急避难场所。当暴发山洪泥石流时，沟道两侧群众往各自的避难场所跑，不能穿越沟道，特别是本次受灾地段的群众，要更加关注天气变化和灾情预报，做好及时撤离的准备。

　　应急小组和预警小组要根据雨情和泥石流的变化，及时发布撤离的信息，并帮助老人和孩子撤离危险区。大家同心协力才能战胜灾害！

手摇报警器

高音喇叭

泥石流报警的手段主要有鸣锣、口哨、手摇报警器和高音喇叭，还有声光报警器。

一旦山洪暴发，监测责任人和第一发现人，应立即采取鸣锣、口哨、手摇报警器等信号迅速报警。村组负责人在接到预警信号后，应第一时间利用高音喇叭等手段向全体村民发出预警，居民应互帮互助，相互提醒，及时转移。

村民们你一言我一语地交流着几次泥石流暴发时的经历和慌乱中避险不对的地方，然后对明明讲述的方法暗自演习了一遍。

明明抽空浏览了"地灾宝"，对黄土高原泥石流的发育规律和防治对策有了更加深入的认识。

房屋不要建在沟口和沟道上

咱们村处于黄泥沟沟口的洪积扇区，这些地方是历史山洪、泥石流流动和堆积的地方，所以房屋建筑不能占堵、挤压泄水沟道；已经占据沟道的房屋应搬迁到安全地带，建议这次受损的住户在重建时要重新选址，避免下次更大泥石流冲击。

泥石流的主要预防措施包括：科学选址、加强治理等。

禁止滥垦滥伐

对存在泥石流隐患的沟谷要采取预防措施。预防措施主要有：禁止在流域内滥垦滥伐，对已经破坏的区域进行退耕还林还草；在沟谷山坡上进行工程活动时要注意保持山坡的稳定性；在沟道开采砂石料和地下矿产时，注意弃土、废石、废渣的堆放，避免造成坍塌、滑坡及堵塞沟道。

对已发生泥石流沟谷的治理措施，按其性质可分为生物治理和工程治理。

生物治理是采用植树造林、种草和合理耕种等方式保证流域植被覆盖率的提升，以拦蓄降水，增加土壤入渗，保护表土免受侵蚀，延缓汇流过程，降低洪峰总量，从而降低泥石流的发生几率，改善生态环境。

工程措施主要包括防治工程、拦挡工程、排导工程。防治工程包括治水、治泥、水土隔离；拦挡工程包括拦挡坝、停淤场；排导工程包括排导槽、渡槽、明硐、隧道等。

保护和改善山区的生态环境

　　黄泥沟沟脑黄土覆盖，植被稀少，降水冲蚀的黄土和流水侧蚀造成的沟岸崩塌、滑坡，是沟道泥石流固体物质的主要来源。因此，我们要尽量消减两种固体物质向沟道汇集。

    退耕还林、退牧还草工程为沟道的治理创造了条件，要结合种草植树，达到"土不下山、泥不出沟"的目标，减少降水对黄土的面蚀。

    要积极争取将黄泥沟泥石流治理尽早纳入到治理工程规划，通过在上游沟道修建拦挡工程和疏浚沟道，以及加固村庄已有的排导工程，彻底消除泥石流对村庄的威胁。我们共同努力将咱们村建成生态文明的特色小康村。

　　这时舅舅摘来了黄澄澄的大杏子，大家一边吃着酸甜可口的杏子，一边展望着黄泥沟美好的未来。